鬥智擂台

謎語過三關 ❶

劉二安、朱墨兮 編選

新雅文化事業有限公司
www.sunya.com.hk

動動腦・猜猜謎

　　謎語這種文字遊戲由來已久，一直深受小朋友歡迎。謎語通過生動有趣的語言，勾畫出事物或文字的特徵，在猜謎的過程中有助培養小朋友的想像力和觀察力，讓小朋友寓學習於娛樂。

　　本書精選了 100 則益智有趣的謎語，涵蓋各種事物、文字和成語，並分為三關，包括簡易篇、中級篇和挑戰篇。每過一關，謎語的難度都會有所提升。

　　小朋友，準備好接受挑戰了嗎？一起進入愉快的猜謎時間吧！

目錄

第一關　簡易篇.........6

第二關　中級篇.......38

第三關　挑戰篇.......78

答　案...................120

第一關
簡易篇

1 尖尖牙齒大大嘴，
長長尾巴短短腿，
捕捉獵物流眼淚，
可惜那是假慈悲。

（猜一動物）

2 泥裏一條龍，
頭頂一個蓬，
身體一節節，
肚裏長滿洞。

（猜一蔬菜）

3 送貨郎，不挑擔，
背着針，到處轉。

（猜一動物）

4 身體肥，頭兒大，
臉兒長方嘴巴寬，
名字叫馬卻沒毛，
常在水中度日閒。

（猜一動物）

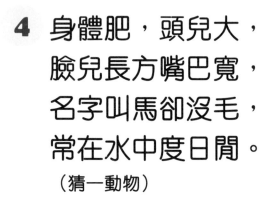

5 小黑魚，滑溜溜，
圓圓腦袋短尾巴，
池塘裏面游呀游，
長大才能跳呀跳。

（猜一動物）

6 外表白如月，
肚裏一團黑，
從來不偷竊，
偏說牠是賊。

（猜一動物）

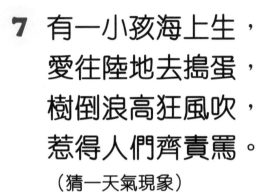

7 有一小孩海上生，
愛往陸地去搗蛋，
樹倒浪高狂風吹，
惹得人們齊責罵。

（猜一天氣現象）

8 青青瘦瘦腹中空，
長大頭髮很蓬鬆，
熊貓每天都吃它，
製成籃子真有用。

（猜一植物）

9 遠看像黃球，
近看毛茸茸，
咯咯高聲叫，
最愛吃小蟲。

（猜一動物）

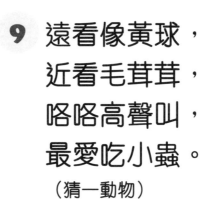

10 安家在海洋，
聰明又善良。
天生愛玩耍，
飛躍在海上。

（猜一動物）

11 頭戴紅纓帽，
身穿彩色袍，
愛學人說話，
小嘴真乖巧。

（猜一動物）

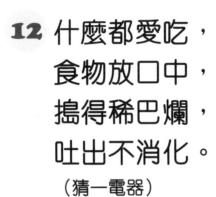

12 什麼都愛吃，
食物放口中，
搗得稀巴爛，
吐出不消化。

（猜一電器）

13 綠衣漢，街上站，
光吃紙，不吃飯。

（猜一物）

14 黑黑一堵牆，
形狀長又方，
牆上寫又畫，
一刷就乾淨。

（猜一物）

15 威風又兇猛，
陸上曾稱霸，
如今已滅亡，
化石尋影蹤。

（猜一動物）

23

16 亮亮一條船，
船尾拴繩子，
開船下小雨，
船過路已乾。

（猜一電器）

17 白嫩小寶寶，
洗澡吹泡泡，
越洗身越小，
再洗不見了。

（猜一日用品）

18 小小孩兒真漂亮，
五顏六色身細長，
山水花鳥它能繪，
可惜越畫越矮小。

（猜一文具）

19 客人站門前，
按按它肚子，
只懂高聲叫，
主人來開門。

（猜一物）

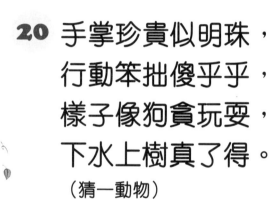

20 手掌珍貴似明珠，
行動笨拙傻乎乎，
樣子像狗貪玩耍，
下水上樹真了得。

（猜一動物）

21 身子中空有妙用，
　　運輸果汁到口中。

（猜一物）

22 根在上，葉在下，
不結果，不開花。

（猜一人體部位）

23 名字叫人不是人，
不吃不喝手腳勤，
能唱能跳會下棋，
言聽計從負責任。

（猜一物）

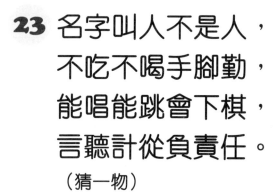

24 一物生來真稀奇，

穿上三百多件衣，

每日給它脫一件，

年底只剩一塊皮。

（猜一物）

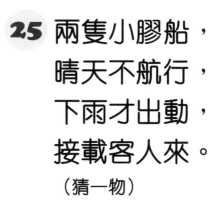

25 兩隻小膠船，
晴天不航行，
下雨才出動，
接載客人來。

（猜一物）

26 身如卷軸氣如雷，
能使猛獸膽盡喪，
一聲震得人驚恐，
回首相看已化灰。

（猜一物）

27 扁圓腦袋細長身，
看圖看畫最認真，
牢牢盯住不移動，
只見腦袋不見身。

（猜一文具）

第二關
中級篇

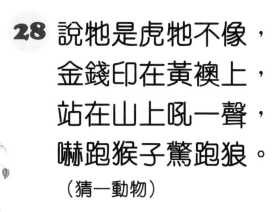

28 說牠是虎牠不像，
金錢印在黃襖上，
站在山上吼一聲，
嚇跑猴子驚跑狼。

（猜一動物）

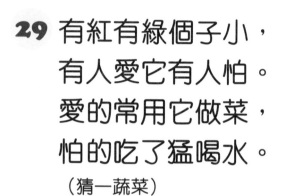

29 有紅有綠個子小，
有人愛它有人怕。
愛的常用它做菜，
怕的吃了猛喝水。

（猜一蔬菜）

30 汽車長了長胳膊，
抓起東西往上舉，
千斤萬斤不費力，
修橋建屋好幫手。

（猜一機械）

 有個矮將軍，
身上掛滿刀，
刀鞘外長毛，
裏面藏寶寶。

（猜一蔬菜）

32 叫洞卻非洞，
黑色真神秘，
無人曾見過，
光也能吸走。

（猜一天體）

33 一把大手槍，
不把子彈裝，
對準小腦袋，
槍口噴熱浪。

（猜一電器）

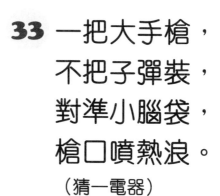

34 兄弟七八個，
圍着柱子坐，
大家一分開，
衣裳就撕破。

（猜一蔬菜）

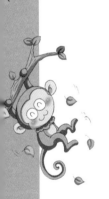

35 晚上下怪雨，
閃閃亮晶晶，
途人不打傘，
大地沒沾濕。
（猜一天文現象）

36 把把綠傘土裏插，
地下結串大甜瓜。
纖維豐富益腸胃，
吃得太多易放屁。

（猜一蔬菜）

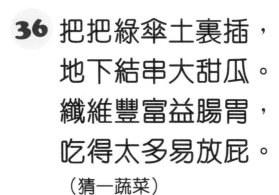

37 銅皮鐵骨，
內裏中空，
上不怕水，
下不怕火。

（猜一日用品）

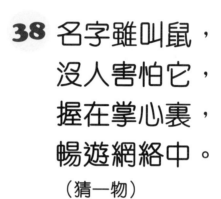

38 名字雖叫鼠，
沒人害怕它，
握在掌心裏，
暢遊網絡中。

（猜一物）

39 晴天常見它，

雨天少見它，

用它不見它，

見它不用它。

（猜一物）

40 個兒小小用處大，
黑的白的都有它。
能做點心能入藥，
還能榨油來做菜。

（猜一植物）

41 身材嬌小玲瓏，
愛在滾輪奔跑。
不像過街老鼠，
養在家中寵愛。

（猜一動物）

42 一個頭，一條腿，
腿上長有尖尖牙，
不能走到鄰居家，
每天回家要靠它。

（猜一物）

54

43 味道甜甜營養多，
誰說無花只結果，
其實花兒密又小，
切勿被名所迷惑。

（猜一植物）

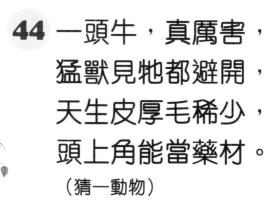

44 一頭牛，真厲害，
猛獸見牠都避開，
天生皮厚毛稀少，
頭上角能當藥材。

（猜一動物）

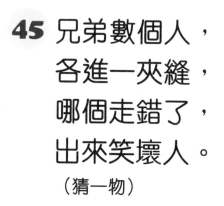

45 兄弟數個人，
各進一夾縫，
哪個走錯了，
出來笑壞人。

（猜一物）

46 一間小鐵房，
沒門只有窗，
只要窗戶亮，
說笑把歌唱。

（猜一電器）

47 生在動物身上，
死在竹子巔上，
掉在黑水潭裏，
爬到白石岸上。

（猜一文具）

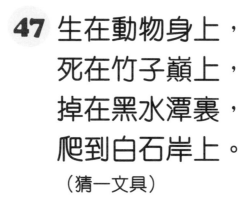

48 張開一大口，
美食都嘗遍，
一日洗三次，
夜晚櫃中歇。

（猜一日用品）

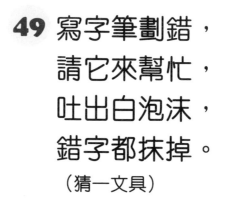

49 寫字筆劃錯，
請它來幫忙，
吐出白泡沫，
錯字都抹掉。

（猜一文具）

50 身體兩邊長滿腳，
喜愛爬行不愛走，
來到人家大門前，
嚇壞多少小孩子。

（猜一動物）

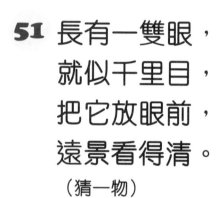

51 長有一雙眼，
就似千里目，
把它放眼前，
遠景看得清。

（猜一物）

52 不怕細菌小，
有它能看到，
化驗需要它，
科研不可少。

（猜一物）

53 一個皮口袋，
能夠裝飯菜，
一天裝三次，
亂裝容易壞。

（猜一人體部位）

54 悠揚音樂一響起，
馬兒繞圈跑不停，
還懂上升和下降，
孩子騎得笑嘻嘻。

（猜一遊戲設施）

55 黃變白，圓變方，
能做菜，能煮湯，
軟綿綿，營養高。

（猜一食品）

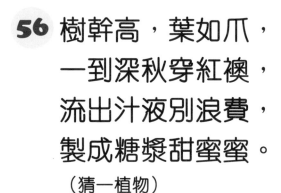

56 樹幹高，葉如爪，
一到深秋穿紅襖，
流出汁液別浪費，
製成糖漿甜蜜蜜。

（猜一植物）

57 山頂山腳一線牽，
透明燈籠掛上邊，
輕鬆登山省力氣。
還能欣賞好景色。

（猜一交通工具）

58 兩軍對壘氣如虹，
槍炮不准帶戰場，
力大無窮有優勢，
後退方能打勝仗。

（猜一遊戲）

59 一匹駿馬跑得快，
不在草原在地底，
能載乘客萬萬千，
你說奇怪不奇怪？

（猜一交通工具）

駿馬號

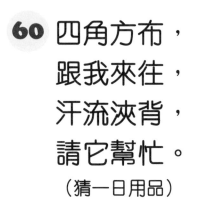

60 四角方布，
跟我來往，
汗流浹背，
請它幫忙。

（猜一日用品）

74

61 感歎號。

（猜一體育項目）

62 紅紅臉兒像蘋果，

酸酸甜甜營養高，

媽媽用它來做菜，

姊姊愛當水果吃。

（猜一蔬菜）

第三關
挑戰篇

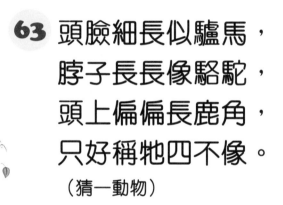

63 頭臉細長似驢馬，
脖子長長像駱駝，
頭上偏偏長鹿角，
只好稱牠四不像。

（猜一動物）

64 尖嘴不說話，
沒腿能走路，
腹中有墨水，
一步一腳印。

（猜一文具）

65 有根不落地，
長葉不開花，
街上能買到，
園裏不種它。

（猜一蔬菜）

66 顏色真繽紛，
看似是花樹，
生長在水中，
原來是動物。

（猜一動物）

67 東風融雪漸和暖，
粉紅花兒開滿枝，
新春在家放一束，
姑娘盼得好姻緣。

（猜一植物）

68 皮白腰兒細，
會爬又會飛，
木頭當糧食，
專把房屋毀。

（猜一昆蟲）

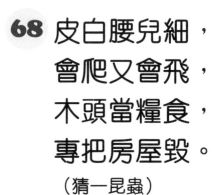

69 圓圓一個箱，
珠寶裏面藏，
白色小格子，
裝滿紅珍珠。

（猜一水果）

70 這筆不能寫，
靜聽你演唱，
能學你腔調，
竟然同模樣。

（猜一電子產品）

71 小小黑耳朵，
生在朽木上，
摘下來做菜，
美味又健康。

（猜一食品）

72 個子像葡萄，
臉上滿皺紋，
中醫常用它，
湯裏找得到。

（猜一植物果實）

73 海上一隻鳥，
跟着船兒跑，
衝浪去抓魚，
不怕大風暴。

（猜一動物）

74 細長葉子像頭髮，
剪掉它會再發芽。
飯桌常見它蹤影，
製作餃子味道佳。

（猜一蔬菜）

75 有毛不是鳥，
不圓卻是球。
空中來回走，
從來沒自由。
（猜一運動用品）

76 稀奇古怪，
古怪稀奇，
前面背脊，
後面肚皮。

（猜一人體部位）

77 身穿各地花衣裳，
無翅飛入你手中，
攜帶隻言與片語，
暖暖祝福送給你。

（猜一物）

78 似隻大蠍子，
抱起像孩子，
彈撥肚腸子，
唱出好曲子。

（猜一樂器）

79 這個傢伙生得呆，
長得像馬不是馬，
有媽不和媽一樣，
有爸不和爸一姓。

（猜一動物）

80 這個袋子真特別，
不放水果不放菜，
灌進熱水不漏出，
冷冷冬天送溫暖。

（猜一物）

81 金色牽牛花，
堅固不會枯。
放在嘴巴前，
奏出好樂曲。

（猜一樂器）

82 兩條大魚，
緊靠泥土，
互不相讓，
各自爭先。

（猜一人體部位）

83 夜幕低垂滿天星，
其中七顆分外明，
它們給你指方向，
夜晚航行不須怕。

（猜一自然物）

84 對面相逢話不通，
看你走西又走東，
飛天遁地做得到，
燈光亮起一場空。

（猜一娛樂產品）

85 牀皺皺，被皺皺，
皺皮婆婆裏面睡。

（猜一食品）

86 花兒白又黃，
秋天遍地開。
清香隨風送，
製作糕點佳。

（猜一植物）

87 此字不凡僅四筆，
無橫無直無鈎曲，
皇帝見了要起身，
聖人見了要施禮。

（猜一字）

88 兩棵樹，並排栽，
着了火，燒起來。

（猜一字）

救命！

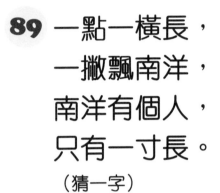

89 一點一橫長，
一撇飄南洋，
南洋有個人，
只有一寸長。

（猜一字）

90 上不在上，
下不在下，
不可在上，
宜生在下。

（猜一字）

91 有水能灌溉，
有火可燃起，
有日天將亮，
有足顯得高。

（猜一字）

92 有峯有谷有山川，
峯谷遇風常變幻，
風大峯高上下浮，
風息風平不翻船。

（猜一自然現象）

93 甜鹹苦辣，
各味俱備。

（猜一字）

110

94 兩隻螞蟻扛木棒，
　　一隻螞蟻棒上躺。

（猜一字）

95 兩口子都賴牀。

（猜一禮貌用語）

112

96 一鈎殘月伴三星。

（猜一字）

97 走在上邊，
坐在下邊，
掛在中間，
埋在兩邊。

（猜一字）

98 左邊三，右邊三，
十一立在正中間。

（猜一字）

99 四個不字顛倒顛，
四個八字緊相連，
四個人字不相見，
四個十字站中間。

（猜一字）

100 左邊綠，右邊紅，

左邊喜雨卻怕蟲，

右邊喜風卻怕水。

（猜一字）

你已完成挑戰，
真厲害啊！

答案

第一關　簡易篇

1. 鱷魚
2. 蓮藕
3. 刺蝟
4. 河馬
5. 蝌蚪
6. 烏賊（墨魚）
7. 颱風
8. 竹
9. 小雞
10. 海豚
11. 鸚鵡
12. 攪拌機
13. 郵筒
14. 黑板
15. 恐龍
16. 熨斗
17. 肥皂
18. 顏色筆
19. 門鈴
20. 熊
21. 吸管
22. 肺
23. 機械人
24. 日曆
25. 雨靴
26. 爆竹
27. 圖釘

第二關　中級篇

28. 豹

29. 辣椒

30. 吊臂車

31. 毛豆

32. 黑洞

33. 風筒

34. 蒜頭

35. 流星雨

36. 番薯

37. 鍋

38. 滑鼠

39. 帽子

40. 芝麻

41. 倉鼠

42. 鑰匙

43. 無花果

44. 犀牛

45. 鈕扣

46. 收音機

47. 毛筆

48. 碗

49. 塗改液

50. 蜈蚣

51. 望遠鏡

52. 顯微鏡

53. 胃

54. 旋轉木馬

55. 豆腐

56. 楓樹

57. 纜車

58. 拔河

59. 地鐵

60. 手帕

61. 棒球

62. 番茄

第三關　挑戰篇

63.	麋鹿	82.	腳掌
64.	原子筆	83.	北斗七星
65.	豆芽	84.	電影
66.	珊瑚	85.	合桃
67.	桃花	86.	桂花
68.	白蟻	87.	父
69.	石榴	88.	焚
70.	錄音筆	89.	府
71.	黑木耳	90.	一
72.	紅棗	91.	堯
73.	海鷗	92.	海浪
74.	韭菜	93.	口
75.	羽毛球	94.	六
76.	小腿	95.	對不起
77.	明信片	96.	心
78.	琵琶	97.	土
79.	騾子	98.	非
80.	熱水袋	99.	米
81.	小號 / 圓號	100.	秋

《鬥智擂台》系列

謎語挑戰賽 1

謎語挑戰賽 2

謎語過三關 1

謎語過三關 2

IQ 鬥一番 1

IQ 鬥一番 2

IQ 鬥一番 3

金牌數獨 1

金牌數獨 2

金牌語文大
比拼：字詞
及成語篇

金牌語文大
比拼：詩歌
及文化篇

鬥智擂台
謎語過三關 ①

編　　選：劉二安・朱墨弓
繪　　圖：飛翔巴士
責任編輯：陳志倩
美術設計：王樂佩
出　　版：新雅文化事業有限公司
　　　　　香港英皇道 499 號北角工業大廈 18 樓
　　　　　電話：(852) 2138 7998
　　　　　傳真：(852) 2597 4003
　　　　　網址：http://www.sunya.com.hk
　　　　　電郵：marketing@sunya.com.hk
發　　行：香港聯合書刊物流有限公司
　　　　　香港荃灣德士古道 220-248 號荃灣工業中心 16 樓
　　　　　電話：(852) 2150 2100
　　　　　傳真：(852) 2407 3062
　　　　　電郵：info@suplogistics.com.hk
印　　刷：中華商務彩色印刷有限公司
　　　　　香港新界大埔汀麗路 36 號
版　　次：二〇一八年十一月初版
　　　　　二〇二四年六月第六次印刷

原書名：《中國少年兒童智力挑戰全書：益智謎語》
本書經由浙江少年兒童出版社有限公司獨家授權中文繁體版
在香港、澳門地區出版發行。

ISBN: 978-962-08-7156-6